国家出版基金项目
NATIONAL PUBLICATION FOUNDATION

记住乡愁

——留给孩子们的中国民俗文化

刘魁立◎主编

第八辑 传统营造辑

本辑主编 刘 托

蒙古包风俗

赵 迪◎编著

黑龙江少年儿童出版社

序

亲爱的小读者们，身为中国人，你们了解中华民族的民俗文化吗？如果有所了解的话，你们又了解多少呢？

或许，你们认为熟知那些过去的事情是大人们的事，我们小孩儿不容易弄懂，也没必要弄懂那些事情。

其实，传统民俗文化的内涵极为丰富，它既不神秘也不深奥，与每个人的关系十分密切，它随时随地围绕在我们身边，贯穿于整个人生的每一天。

中华民族有很多传统节日，每逢节日都有一些传统民俗文化活动，比如端午节吃粽子，听大人们讲屈原为国为民愤投汨罗江的故事；八月中秋望着圆圆的明月，遐想嫦娥奔月、吴刚伐桂的传说，等等。

我国是一个统一的多民族国家，有 56 个民族，每个民族都有丰富多彩的文化和风俗习惯，这些不同民族的民俗文化共同构筑了中国民俗文化。或许你们听说过藏族长篇史诗《格萨尔王传》

中格萨尔王的英雄气概、蒙古族智慧的化身——巴拉根仓的机智与诙谐、维吾尔族世界闻名的智者——阿凡提的睿智与幽默、壮族歌仙刘三姐的聪慧机敏与歌如泉涌……如果这些你们都有所了解，那就说明你们已经走进了中华民族传统民俗文化的王国。

你们也许看过京剧、木偶戏、皮影戏，看过踩高跷、耍龙灯，欣赏过威风锣鼓，这些都是我们中华民族为世界贡献的艺术珍品。你们或许也欣赏过中国古琴演奏，那是中华文化中的瑰宝。1977年9月5日美国发射的"旅行者1号"探测器上所载的向外太空传达人类声音的金光盘上面，就录制了我国古琴大师管平湖演奏的中国古琴名曲——《流水》。

北京天安门东西两侧设有太庙和社稷坛，那是旧时皇帝举行仪式祭祀祖先和祭祀谷神及土地的地方。另外，在北京城的南北东西四个方位建有天坛、地坛、日坛和月坛，这些地方曾经是皇帝率领百官祭拜天、地、日、月的神圣场所。这些仪式活动说明，我们中国人自古就认为自己是自然的组成部分，因而崇信自然、融入自然，与自然和谐相处。

如今民间仍保存的奉祀关公和妈祖的习俗，则体现了中国人崇尚仁义礼智信、进行自我道德教育的意愿，表达了祈望平安顺达和扶危救困的诉求。

小读者们，你们养过蚕宝宝吗？原产于中国的蚕，真称得上伟大的小生物。蚕宝宝的一生从芝麻粒儿大小的蚕卵算起，中间经历蚁蚕、蚕宝宝、结茧吐丝等过程，到破茧成蛾结束，总共四十余天，却能为我们贡献约一千米长的蚕丝。我国历史悠久的养蚕、丝绸织绣技术自西汉"丝绸之路"诞生那天起就成为东方文明的传播者和象征，为促进人类文明的发展做出了不可磨灭的贡献！

小读者们，你们到过烧造瓷器的窑口，见过工匠师傅们拉坯、上釉、烧窑吗？中国是瓷器的故乡，我们的陶瓷技艺同样为人类文明的发展做出了巨大贡献！中国的英文国名"China"，就是由英文"china"（瓷器）一词转义而来的。

中国的历法、二十四节气、珠算、中医知识体系，都是中华民族传统文化宝库中的珍品。

让我们深感骄傲的中国传统民俗文化博大精深、丰富多彩，课本中的内容是难以囊括的。每向这个领域多迈进一步，你们对历史的认知、对人生的感悟、对生活的热爱与奋斗就会更进一分。

作为中国人，无论你身在何处，那与生俱来的充满民族文化DNA的血液将伴随你的一生，乡音难改，乡情难忘，乡愁恒久。这是你的根，这是你的魂，这种民族文化的传统体现在你身上，是你身份的标识，也是我们作为中国人彼此认同的依据，它作为一种凝聚的力量，把我们整个中华民族大家庭紧紧地联系在一起。

《记住乡愁——留给孩子们的中国民俗文化》丛书，为小读者们全面介绍了传统民俗文化的丰富内容：包括民间史诗传说故事、传统民间节日、民间信仰、礼仪习俗、民间游戏、中国古代建筑技艺、民间手工艺……

各辑的主编、各册的作者，都是相关领域的专家。他们以适合儿童的文笔，选配大量图片，简约精当地介绍每一个专题，希望小读者们读来兴趣盎然、收获颇丰。

在你们阅读的过程中，也许你们的长辈会向你们说起他们曾经的往事，讲讲他们的"乡愁"。那时，你们也许会觉得生活充满了意趣。希望这套丛书能使你们更加珍爱中国的传统民俗文化，让你们为生为中国人而自豪，长大后为中华民族的伟大复兴做出自己的贡献！

亲爱的小读者们，祝你们健康快乐！

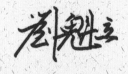

二〇一七年十二月

目 录

蒙古包，并非蒙古族人的

专利

| 蒙古包，并非蒙古族人的专利 |

蒙古包大家一定听说过，你知道这个名称的来历吗？让我来说一说吧！

蒙古包，比较严谨的叫法应该是毡帐或毡房。这是一种因游牧而产生的建筑，虽然叫蒙古包，却并非由蒙古族人发明。除了蒙古族以外，蒙古包也是哈萨克族、鄂温克族等很多少数民族的传统民居。

"蒙古包"一词实际是从清朝时期才开始出现的。当时，蒙古各部先后归顺清朝，满族人习惯将蒙古部落居住的毡房称作"蒙古博"。"博"在满语中是"家"的意思，"蒙古博"即指蒙古

| 草原上的蒙古包 |

部落人们的家。于是在接下来的二百多年间，"蒙古博"一词便慢慢在神州大地上流传开来，并逐渐被人们读成"蒙古包"了。

蒙古包虽然很容易让人产生是蒙古族人专属的错觉，但"蒙古包"确实是个既朴实又形象的好名字。假使你闭上双眼，在心中默念"蒙古包，蒙古包……"，我猜很多人都能在脑海中栩栩如生地描绘出它的模样。有时，你还会联想到湛蓝的天空、青翠的草原、洁白的羊群，

还有一张张黝黑又饱含热情的笑脸……

深入人心的词汇往往具有一种魔力，可以放飞人的想象。所以在本书中，并不打算用"毡帐""毡房"之类的名词替换"蒙古包"一词，只不过需要注意的是，虽然被冠以"蒙古"之名，可蒙古包这种建筑却从来不是蒙古族人的专利。

蒙古包是一种极为古老的建筑形式，堪称建筑界的活化石。由于缺乏早期实物遗存，所以至今学者们对它

内蒙古草原

的起源仍然众说纷纭。目前，一种比较普遍的观点认为，蒙古包是由原始的窝棚演变而来的。

窝棚是一种十分简陋的住宅，它以一圈顶端固定在一起的树枝为骨架，以树皮或兽皮当作围墙。虽然这种建筑并不比野兽的巢穴精致多少，但它的出现代表了上古先民已具备主观改造自然的能力，因而极具历史意义。

相较其扑朔迷离的起源而言，蒙古包的发展、演变过程就显得清晰了许多。从某种意义上说，中华民族的历史就是农耕民族与游牧民族对立、交融的历史。几乎在历朝历代的史籍当中，我们都能找到有关蒙古包式建筑的记录，只不过在这些典籍里，"蒙古包"这种叫法

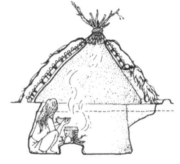

| 地穴式窝棚 |

还尚未出现。

早在秦汉时期，匈奴人是北方草原的霸主。《史记·匈奴列传》中有"匈奴父子乃同穹庐而卧"的记载。这里所说的"穹庐"其实就是一种带有穹隆顶的毡帐。在西汉桓宽所著《盐铁论》中，关于穹庐，有"织柳为室，

毡席为盖"的描述。通过这简单的八个字，我们可以发现当时穹庐的结构已与今天的蒙古包相差无几了。

魏晋南北朝时期，鲜卑族拓跋部统一了北方，建立了北魏。公元492年，南朝齐武帝派遣使臣出使北魏。当时的使节曾对鲜卑人的居所有过这样的记载："以绳相交络，纽木枝枨，覆以青缯，形制平圆，下容百人坐，谓之'伞'，一云'百子帐'也。"从这段文字中我们不

| 阴山石刻上的穹庐形象 |

难看出，当时百子帐的形制已经非常成熟，而且规模也很大了。

到了6世纪中叶，突厥汗国势力壮大，成了北方草原的主人。与其他游牧民族一样，他们亦以毡帐为家，食肉饮酪、善于骑射。关于突厥人居所的记载有很多，如《隋书·突厥传》中就说，突厥人"穹庐毡帐，随水草迁徙，以畜牧射猎为务"。《太平广记》也说突厥人"肉为酪，冰为浆，穹庐为帐，

| 南匈奴彩棺上的穹庐形象 |

毡为墙"。

除了上述民族，北方草原还先后经历了东胡、柔然、契丹、女真等势力的更替。到了元朝时期，来自北方的劲旅——蒙古族人终于建立起了横跨欧亚的庞大帝国。

长久以来，蒙古族人一直以一种名叫"古列延"的组织形式进行游牧。从字面上理解，"古列延"即"圈子"之意，许多蒙古包在原野上围成一个圆圈驻扎下来，便形成了一个古列延。

对于牧民来说，在草原上讨生活从来都不容易。冬季的白灾、野兽的袭击、外族的侵扰都有可能给一个家庭带来灭顶之灾。正因如此，十几户、几十户人家聚在一起，共同进退，可以有效地提高抵御风险的能力。

以古列延为单位进行集体游牧对于当时的蒙古族人来说是一种非常重要的生活方式。后来随着蒙古族统治范围不断扩大，古列延这种最初的生产、生活单位也渐

| 车载式蒙古包 |

渐转变成一种百姓跟随大汗游牧，平时各司其职，战时全民皆兵的准军事单位。

关于那时的蒙古包，《黑鞑事略》中曾有这样的记录："穹庐有二样：燕京之制，用柳木为骨，正如南方罘思，可以卷舒。面前开门，上如伞骨，顶开一窍，谓之天窗，皆以毡为衣，马上可载。草地之制，以柳木织成硬圈，径用毡挞定，不可卷舒。车上载行，水草尽则移，初无定日。"通过这段文字我们可以发现，当时的蒙古包有两种式样：一种与今天的形制相同，"可以卷舒，马上可载"，指可以拆卸，由牲畜驮运的蒙古包。而另一种则"不可卷舒"，由车辆运载。

与普通蒙古族人一样，当时的蒙古大汗也同样居住

| 模拟大汗出征的雕塑群 |

在蒙古包里。只不过那是一种名为"斡耳朵"（意为宫帐、金帐），规模极其宏伟的蒙古包。南宋徐霆在出使蒙古时，对其曾有这样的记载："霆至草地时，立金帐，其制则是草地中大毡帐，上下用毡为衣，中间用柳编为窗眼透明，用千余条线曳住，阈与柱皆以金裹，故名。"而法国人威廉·鲁布鲁乞在《东游记》中则对一种车载式斡耳朵如此描述："帐幕做得很大，宽度可达三十英尺[①]。在地上留下的两道轮迹之间的宽度为二十英尺。帐幕放在车上时，伸出车轮两边之外各有五英尺。一辆车用二十二头牛拉，十一头牛排成一横排，两排牛在车前拉车。车轴之大，犹如一

条船的桅杆。"

今天的学者曾做过估算，普通的斡耳朵至少能同时容纳上百人。而马可·波罗更是声称见到过可以容纳上千人的巨大宫帐。由此可见，当时的蒙古族人已将蒙古包的建造水平推向了新的高度，其气势之恢宏、工艺之精湛都达到了前所未有的境界。

到了13世纪上半叶，骁勇的蒙古铁骑相继征服了西

博物馆中的模拟大汗宫帐

①英尺，非法定计量单位，1英尺 = 0.3048米。

辽、西夏、金、大理等国，国力达到鼎盛。1259年，大汗蒙哥暴毙，这一变故引发了一系列残酷的权力斗争，最终导致蒙古汗国分裂，蒙古汗国分裂成元朝的前身——大汗之国，以及四大汗国。四大汗国在名义上服从大汗之国，但实际上却各自为政。1263年，元世祖忽必烈定都上都，1272年，又迁都大都（今北京）。元朝建立以后，蒙古贵族深受中原文化的影响，大肆兴建庙堂宫殿。即便如此，蒙古包依旧是他们最重要的一种建筑形式，并且一直被保留了下来。

1368年，明太祖朱元璋建立明朝，同年明军攻陷大都。从此元朝政权便退居漠北，与明朝对峙，史称北元。在这一时期里，蒙古族人完善了蒙古包的建造技术。

到了17世纪前后，蒙古的所有部族先后归顺政权逐渐强盛的清朝。之后，清政府对蒙古各部分而治之，并用盟旗制度限定了贵族的领地。于是，蒙古各部过去那种天南地北，信马由缰的大

| 草原上的蒙古包 |

游牧生活方式彻底退出了历史舞台。牧民只能在固定的地盘里进行四季轮牧，这也就是所谓的小游牧。小游牧的一个显著特点是"大分散小集中"。通常几户人家以浩特（蒙古族牧民居住的自然村）为单位共同生产、生活，一旦遇到自然灾害，几家人也能有个照应。即使没有血缘关系，浩特里的人们也是亲如一家。从这一时期开始，由于没有了长途迁徙

蒙古汗国时期大汗的车载式蒙古包

的需求，所以车载式蒙古包渐渐失去了用武之地，最终被淘汰了。

与历史上的其他政权不同，清政府历来特别重视与

草原放羊人牧归

北方少数民族，尤其是与蒙古族的关系。为了巩固自身权力，维系辽阔的版图，清朝的历代皇帝都极力拉拢蒙古贵族，并在政治、文化、军事等方面予以特殊的政策。

自康熙帝以来，清政府每年都在皇家猎苑——木兰围场中举行盛大的木兰秋狝。其中的"木兰"是满语，意为"哨鹿"，即用哨声将鹿吸引过来之意。"秋狝"是秋天打猎的意思，表面看这就是帝王行猎的一种娱乐活动，但事实上木兰秋狝却有着极其重要的政治意义。

正如嘉庆皇帝所说："秋狝大典，为我朝家法相传，所以肄武习劳，怀柔藩部者，意至深远。"一方面，通过围猎活动可以锻炼八旗官兵的骑射本领，使之保持骁勇善战的本色。另一方面，也是更重要的，清帝可以借行围狩猎之名，定期接见蒙古各部的贵族，以便进一步巩固和发展满蒙关系，加强对蒙古部落的统治。

由于意义重大，清朝皇帝格外重视秋狝大典，每每赐宴外藩的时候，都将会场安排在巨大的蒙古包里，以便

| 内蒙古草原之秋 |

使各部藩王产生宾至如归之感。这种巨大的蒙古包又称"大幄"或"武帐"。是专门为皇帝设置的一种大型蒙古包。1793年,英国使团来朝觐,当时还是孩子的小斯当东曾对大幄有这样的记载:"在花园当中有一庄严的大幄,四周架着金色油漆的支柱。……大幄当中设有宝座。大幄四周都有窗户,外面阳光透过窗户集中射到宝座。面对宝座有一个宽阔开口,从那里突出一个黄色二重顶帷帐。大幄内的家具非常文雅而不故意显示额外奢华。

大幄的前面竖起几个小的圆形帐篷。一个长方形帐篷竖在大幄的后面,里面有床,是为皇帝临时休息准备的。帐篷四外陈列着各式欧洲和亚洲的短枪和佩刀……"

除此之外,嘉庆年间的礼亲王昭梿在《啸亭杂录》中,也对木兰秋狝里的"大蒙古包宴"有如此记载:"乾隆中廓定新疆,回部、哈萨克、布鲁特诸部长争先入贡,上宴于山高水长殿前,及避暑山庄万树园中,设大黄幄殿,可容千余人。其入座典礼,咸如保和殿之宴,宗室王公

| 蒙古包 |

皆与焉。上亲赐卮酒，以及新降诸王、贝勒、伯克等，示无外也，俗谓之'大蒙古包宴'。"

从这些记录中我们可以看出，在泉水清冽、草木茂盛的皇家苑囿中，清朝皇帝直接把关外的秀丽风光引入其中。若干尺寸不一的蒙古包被巧妙地布置在一起，营造出了既庄严又不失轻松的独特仪典氛围。在这样的场合里，巨大的蒙古包拉近了统治者与同是游牧民族的被

统治者之间的距离，因此它的作用已不仅是用于举办仪式的场所，更升华为体现文化认同的一种重要符号。

从清朝晚期开始，随着大量农民的涌入，蒙古地区的不少草场被开垦为耕地。而近代的北洋政府不但延续了清末的放垦政策，更变本加厉地执行起"蒙地汉化"政策，制定了很多奖励开垦的法令。近百年的拓荒使一些牧区的生产方式由以牧业为主转变为以农业为主，兼

| 清代《万树园赐宴图》中的大幄 |

营牧业。在这些地方，牧民们开始定居下来，曾经不可或缺的蒙古包也逐渐被砖木建筑、土坯建筑所取代。

中华人民共和国成立后，特别是改革开放以来，牧民的生活质量有了显著提高。但与此同时，他们的生活方式也在悄无声息地发生着变化。20 世纪 80 年代起，内蒙古自治区把草场使用权承包给了个人，于是牧民便用铁丝网将"属于"自己的草场围了起来（这种被围合的草场称作"草库伦"）。由于放牧的范围已被划定，所以蒙古包这种因游牧而生的建筑便和其他许多草原上的老物件、老习俗一样，渐渐远离了人们的生活。目前，内蒙古大部分地区已实现定牧，只有呼伦贝尔、锡林郭勒等地区还有两季游牧。

如今行驶在内蒙古自治区的公路上，分割草库伦的铁丝网和运输物资的大货车已然成为点缀草原的最常见却也最不协调的景物。而奔驰的骏马、洁白的羊群，还有诗情画意的蒙古包则成了人们只能在歌曲中追忆的"天堂"。我们不得不坦承，如今的草原已经失去了最为动人的风景……

草原风光美景

| 草原羊群 |

文明的伟大结晶。并且相较有形的文物而言，这类活态遗产更易受到现代文明的冲击。正是基于上述认识，如今已有越来越多的人踊跃参与挽救和传扬中华优秀传统文化。所以，相信在所有有识之士的共同努力下，蒙古包这种传承千载的古老建筑以及它所代表的草原文化，一定能在我们所处的这个新时代里重新找到属于自己的位置，并再次绽放出瑰丽的光彩。

幸而近年来，我国在遗产保护领域，特别是在理论建设方面取得了长足的进步。人们渐渐意识到一个国家、一个民族的风俗、习惯，乃至传统生活方式，亦如壮丽的庙堂宫宇一般，都是人类

| 内蒙古草原上
自由自在的马 |

天也圆圆，家也圆圆

| 天也圆圆，家也圆圆 |

提起蒙古包，恐怕人们最先想到的就是它那圆滚滚的造型了。没错，这的确是蒙古包最为经典的形象。那么，你有没有考虑过蒙古包为什么是圆的呢？

首先，让我们看看蒙古族人自己是怎么说的。

在广阔的草原上流传着这样一首歌谣：

因为仿照蓝天的样子，
才是圆圆的包顶；

因为仿照白云的颜色，
才用羊毛毡制成。

这就是穹庐——我们蒙古族人的家。

因为模拟苍天的形体，
天窗才是太阳的象征；

因为模拟天体的星座，
围壁才是月亮的圆形。

这就是穹庐——我们蒙古族人的家。

通过这段歌谣我们不难看出，在蒙古族人的心目中，圆圆的蒙古包其实就是浩瀚宇宙的缩影。众所周知，蒙古族人对"长生天"崇敬有加，他们相信"天"是世界的主宰，也是地位最高的神祇，能为人间带来无比的幸福，同时也能降下种种苦难。在渺小的人类眼中，浩瀚的天空就如一个巨大的穹隆将整个世界笼罩了起来，尘世间的一切都逃不出天的掌控。正是出于对这种庞大、神秘事物的敬畏，蒙古族人才会模仿天的模样，将蒙古包也建造成了穹隆形状，并希望借此得到神明的庇佑。

当然除了信仰原因之外，蒙古包的特殊构造同样决定了它的造型。那么接下来，就讲讲有关蒙古包构造的那些事情。

简单地说，蒙古包的结构可以分成木架、毛毡、绳索三个部分。其中木架是建筑的骨架，起承重作用。毛毡是围护部分，起隔绝室内外的作用。绳索的作用则是将各种建筑构件固定在一起。

木 架

蒙古包的木架并不复杂，最主要的构件就是陶脑、乌尼、哈那三种。

"陶脑"是蒙古语，意为天窗。这是一种造型独特的大木圈，样子很像是个巨大的轮毂。之所以采用如此奇怪的造型，是因为陶脑不仅具备通风、采光、排烟等天窗应有的基本功能，而且它还有一定的承重作用，有点儿像是整个蒙古包的大梁。

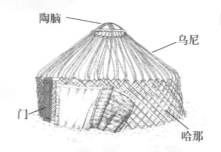

凡是对传统木结构建筑有所了解的人都知道，房梁的作用是承载屋面的荷载。简单来说，就是屋檐以上的重量全部都压在大梁之上。由于受到的压力极大，因而就要求一座房子的大梁必须足够粗壮，足够坚固。

陶脑

对于蒙古包来说，虽然它的大梁，也就是陶脑之上只覆盖着一层毛毡，分量并不算重。但若是遇到冬季的暴雪天气，蒙古包顶的重量就会因积雪而陡然增加。为了确保陶脑能有足够的强度，经过不知多少代人的反复尝试，最终牧民才把它设计成了如今的模样。

要说陶脑的优点实在是不少。一方面，它那顶部隆起的造型不易积雪；另一方面，即使受到外部压力，这些力也不会集中于一点，而是沿着弧面传导到下面的建筑构件上，从而避免陶脑因负重过大被压断。不仅如此，采用镂空的式样可使其自重相对较轻，非常适合日常的搬迁和装卸。

| 蒙古包顶外部 |

陶脑位于蒙古包的正中心，而且所处高度最高，因此在蒙古包的所有构件中，陶脑的地位最为神圣，装饰也最为华丽。通常情况下，陶脑上都画有漂亮的几何图案或卷草纹样。比较富裕的家庭还在上面雕刻很多精美的花纹。当然，作为深受藏传佛教影响的民族，蒙古族人也经常把诸如金刚杵、莲花之类的经典佛教图案装饰在陶脑上面。

将陶脑托顶起来的构件称为"乌尼"，翻译过来是"顶杆"的意思。这是一种长长的木杆，顶端被削成方头，能够插进陶脑外围的一圈方孔里。下端穿缀有绳环，用来与下部的哈那（一种支撑乌尼的木构件）固定。由于乌尼同时具有支持陶脑和承载毛毡的双重作用，所以从功能上看，它相当于是戗杆与椽子的结合体。通常情况下，一座蒙古包至少有几十根乌尼。尽管每根乌尼单看起来并不怎么显眼，但如果把它们全部安置就位，便会形成一圈犹如万丈光芒般非常美观的结构。

|装饰华丽的
蒙古包顶|

哈那是一种网格状的木架，相当于蒙古包的墙壁，也可以将其称为"围壁"。人们在描述一座蒙古包的大小时，通常不说它的面积是多少平方米，而是说它有几扇哈那。哈那的数量越多，蒙古包的面积也就越大。在过去，普通的牧民大多住四五扇哈那的蒙古包，富裕人家住六至八扇哈那的蒙古包，只有贵族和喇嘛才能住十扇以上哈那的蒙古包。

|乌尼|

另外，哈那还有一个极为神奇的特性，就是可以伸展和折叠。一般来说，一扇哈那如果完全展开，宽度可

达二三米。对于逐水草而居的牧民来说，搬运这么大的构件实在是太不方便了。所以他们就想了一个非常聪明的办法，将哈那设计成一种由两层平行木杆斜向交叉，交点上安装皮钉（皮钉是用皮条制成的转轴。其做法是先将皮条穿过前后两排哈那的开孔，再在两侧穿出的位置各划一个切口。将多余的皮条弯回来插进切口里，形成一个小疙瘩，如此便制成了一个皮钉）的可折叠式结构。经过折叠以后，原本宽大的哈那就变成只有五六十厘米宽了。

蒙古包的大门与哈那相连，为使安装其上的乌尼保持平稳，就要求大门与哈那的高度必须相等。正是由于这个的原因，蒙古包的大门大多非常低矮，高度一般不超过 1.6 米。与此同时，牧民相信门槛具有阻止灾祸，

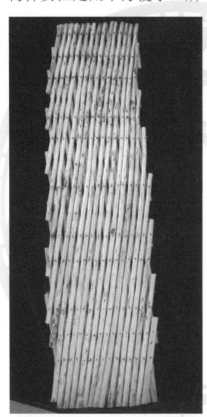

| 折叠起来的哈那 |

| 展开的哈那 |

保佑家宅的功能，通常都把门槛设置得很高。这就使得人们在出入蒙古包时，必须摆出一副弯腰抬腿的有趣姿势，才不至于磕着绊着。

对于大多数民居来说，柱子是一种不可或缺的建筑构件，但是对蒙古包而言，却并非如此。因为穹隆形的木骨架已足够结实，所以六扇哈那以下的中小型蒙古包一般可以不设柱子（不设立柱的做法是内蒙古地区的情况。在蒙古国境内，无论蒙古包的大小如何，牧民都习惯为它安上两根柱子予以加固）。当然，对于八扇以上哈那的大型蒙古包来说，由于室内跨度较大，还是需要在陶脑下方安置两根或四根柱子，用以提供额外的支撑。

| 装饰华丽的木门 |

| 蒙古包的柱子 |

毛 毡

蒙古包由于没有厚重的围墙，抵抗风雨严寒只能完全依靠毛毡。在草原上，毡子是一种非常理想的建筑材料，具有很多砖石、土坯无法比拟的优点。第一，毡子的重量很轻，不会给木构架带来过大的压力。第二，它的保暖性好，能够抵御蒙古高原上的严寒。第三，制作毡子取材方便、工艺简单，几乎每家每户都能独立完成。第四，毡子的搬运十分方便，不仅重量轻，而且折叠起来也节省空间。第五，在搭蒙古包时，铺毡子代替了泥瓦活儿，所以整个施工过程既轻松又干净。

蒙古族女人个个都是擀制毛毡的行家里手。每到农历四月前后，草原上便迎来了丰收的季节，新剪下来的羊毛时常堆得老高。这时候，女人们就将杂色的羊毛拣除干净，并把剩下的白色毛料洗净、晒干，之后再用木棍把它们弹打成细密的毛絮。这些准备工作全部完成以后，再把羊毛铺在一块名叫"套日孕"的草帘子上，洒上水、卷成捆，然后一边滚动一边踩踏。等这些蓬松的毛料被踩实并逐渐成形以后，还要在不平整的地方续上羊毛，继续揉搓、滚压。经过几次反复之后，一块洁白的毛毡就擀制好了。接下来，人们根据不同需求，将其加工成地毡、门帘和用在蒙古包上的各种毡子。

蒙古包所使用的毡子种类繁多，其中以盖毡、顶毡、围毡三种最为重要。

盖毡是覆盖陶脑的毡子，主要功能是调节室内采光、通风及温度。它是四方形状，铺设时四个直角正对东、南、西、北四个方向。盖毡的每个角上都缀有一条长长的绳子。平日里，东、西、北方向的绳子都被固定在围绳上面，而南边的那条则不固定。每天早晨，牧民把南边的绳子沿顺时针方向拉开，这就相当于给蒙古包打开了窗户。到了晚上，或是遇到雨雪天气，沿反方向把绳子一拽，蒙古包就被盖得严严实实了。牧民非常看重盖毡的放置。在白天，除非办丧事，否则

盖毡

顶毡

围毡

盖毡一定是被打开的；在晚上，主人则检查盖毡铺得是否端正，因为他们认为只有将其放置得平整妥帖，晚上才能睡个好觉、做个好梦。

顶毡是覆盖乌尼的毛毡，分为前后两片，均为半个环形的形状。其中后片（北边那片）较长，可以压住前片，这样蒙古包建好以后，高原上盛行的西北风才不会灌入室内。隆冬时节，为抵御严寒，要使用多层顶毡，但是不管用了几层，铺在最外面的那层始终都要遵守后片压前片的规则。为了把顶毡固

定在倾斜的乌尼上，通常它的外围要缀绳子。绳子的数量根据顶毡大小以及各地习惯的不同而有所差异。一般前片顶毡或没有绳子，或四个角上各有一根绳子（共四根）。后片顶毡除了在四角上有绳子之外，在每条直边的上部还要穿缀一至三条绳子，所以加在一起就是六根、八根或十根。在搭蒙古包时，牧民都把这些绳子斜向交叉，使之在包顶形成漂亮的菱形图案。

围毡是围在哈那外面的长方形毛毡。根据蒙古包大小的不同，围毡的数量也会相应变化，不过通常以四片居多。每片围毡的尺寸一般高不过两米，宽不过三米。如果是用在大型蒙古包上的围毡，有些仅高度就有两米多，宽度更是能达到九米。围毡铺设的层数也同样视季

| 呼伦贝尔草原
蒙古包 |

节而定，一般夏季用一层，冬季用二至三层。在每片围毡的上部都缝有若干短绳，用来系在乌尼杆上，这样将其竖直展开以后才不会滑落下来。

绳　索

通过前面章节的介绍，也许有人会产生怀疑——蒙古包的木架看起来那么纤细，毡子更是薄得出奇，用这些东西建造的房子能坚固吗？其实大家大可放心，事实证明即使面对蒙古高原最猛烈的风暴，蒙古包也能稳如泰山，屹立不倒。这其中的原因主要有两点：第一，蒙古包浑圆的造型可以有效降低风阻；第二，为了保证稳固，牧民早已用各种绳索把它里三层外三层地牢牢捆住了。

搭建蒙古包时所使用的

| 马鬃制作的绳索 |

绳索全由动物的鬃毛或皮革制成，不仅韧劲十足，还很耐用。在各种各样的绳索当中，尤以围绳、坠绳、捆绳最为关键。

围绳是围在哈那外面的长绳，有里围绳和外围绳之别。里围绳通常只有一根，作用是将整个哈那圈子"箍"起来。外围绳有二至三根，它除了具有加固哈那的作用外，还有绑缚围毡，以及为其他绳索提供固定点的作用。围绳一般由马鬃制成，不但非常强韧，而且这种表面粗糙扎手的绳索还能提供极大的摩擦力。哈那被绑上这样几道绳索以后，就会变成一个非常牢固的整体了。

坠绳是从陶脑上垂下来的绳索，它的作用主要体现在应对大风方面。每当风暴来袭的时候，牧民就在坠绳的末端安个橛子，将其固定在地上，这样就能有效防止蒙古包被大风掀翻。而在风和日丽的天气里，人们便把它松松地挂在东边的乌尼上，

| 蒙古包外的绳索 |

并使其下垂的轮廓有如羊肚儿，因为蒙古族人相信如此放置坠绳将有助于一个家庭积累财富。

捆绳是捆绑哈那及木门的绳索。它一般不长，大多在四五尺①左右。捆绳多由马鬃制成，一头是个绳环，另一头用布包住。立哈那的时候，人们用有布的那头分别穿过两扇哈那最上部的网眼以及捆绳另一端的绳环，由此便形成了一个绳结。之后自上而下，用若干十字结将两扇哈那牢牢系在一起。牧民绑的绳结一向特别牢固，但是里面却连一个死结都没有。要是不清楚绑法的人，就算使出吃奶的劲儿也很难将其解开，可要是弄清了其中的规律，只需找好位置轻

捆绳

轻一拽，绳扣自然而然就松脱了。

虽然不同地区蒙古包的构造和做法略有差异，但基本形式大多如此。现在，我们再回顾一下本章开头的那个问题——蒙古包为什么是圆的呢？虽然上文提及的信仰原因确实能或多或少解释一下这一问题，但恐怕功能

①尺，非法定计量单位，1尺 = 0.3333 米。

上的需求才是决定其造型的主因，毕竟游牧民族生活的内陆远离海洋，气候恶劣。那里的冬天不但寒冷（最低气温能达到零下四五十度），而且风雪极大。为了对抗严酷的自然环境，牧民的居所就必须足够坚固。与此同时，它还必须足够轻巧，以便满足游牧的需要。

放眼整个古代建筑技术史，或许也只有穹隆结构能在二者间取得完美的平衡。也是出于这个原因，蒙古包才采用这种风阻小、抗压性强的穹隆结构。在这种结构的基础之上，牧民使用毛毡、绳索等轻质材料，更是将蒙古包小巧而强悍的特点发挥到了极致。

把家带上，让我们来一场
说走就走的旅行

| 把家带上，让我们来一场说走就走的旅行 |

春季到来，草根吐新芽，
我们要迁徙到春营地去。

哦，路途遥远，牧场又是如此辽阔。

夏季到来，世界染新绿，
我们要迁徙到夏营地去。

哦，路途遥远，牧场又是如此辽阔。

秋季到来，风吹草叶黄，

我们要迁徙到秋营地去。

哦，路途遥远，牧场又是如此辽阔。

冬季到来，山野裹银装，
我们要迁徙到冬营地去。

哦，路途遥远，牧场又是如此辽阔。

不知从何时起，这首悠扬的《四季歌》便开始在草

| 草原上的蒙古包 |

|呼伦贝尔草原
风光|

原上传唱。正如歌里所唱的那样，千百年来，蒙古族人始终跟随自然的节律在无边无际的草原上迁徙。哪里的泉水甘甜，哪里的牧草肥美，他们就赶着牲畜走到哪里。

以今天的观点来看，蒙古族人在放牧时非常注重环保。为了使牛羊始终能吃到最鲜嫩的青草，同时也为草场能够休养生息，他们从不会在一个地方停留太久，而是不辞辛劳地辗转于不同的草场。每逢转场的时候，人们都把旧的营地收拾妥当，然后架着大大小小的车辆来一场说走就走的旅行。而且与大多数民族不同，蒙古族人在远行之时很少会有背井离乡的惆怅，因为他们知道"家"就在自己的身旁。

虽然蒙古族人的迁徙比较频繁，并且他们习以为常，但是迁徙并不是简单的事，在迁徙之前有很多工作要做。

看　盘

蒙古族人在搬迁之前，首先要做的事情就是看盘。所谓"看盘"是指勘察、挑选驻牧的营盘。这是搬迁中的头等大事，一般都由最富经验的牧民完成。

牧民对营盘和草场的要求因时而异。春天是接羔保育的季节，他们优先选择那些地势平缓、视野开阔的地方。夏季气候干燥炎热，所以驻扎的营地要离水源近一些。到了秋天，牧民赶着畜群频繁转场，因为此时是牛羊抓膘的季节，只有尽快把它们养得膘肥体壮，才能使其熬过漫长的寒冬。越冬的营地讲究背风向阳，另外如果周围能有一些遮风挡雪的茂密植被就再好不过了。由

冬季内蒙古草原风光

适宜的驻牧地

于内蒙古高原的冬天寒冷异常，所以只要攒足了干草，牧民冬季就基本不再转场了。

不管在哪个季节，有两类地形是最理想的驻牧地：一种是四面环山，中间平缓的盆地。这种地形视野开阔、容易瞭望，而且背风，所以也被称为"福星之地"或"黄金营盘"。另一种是北面靠山的地方，这种地形背山面阳，青草茂盛，同样是放牧的理想场所。与之相反，牧民非常忌讳营盘的周围，特别是北侧有沟壑，因为那种地方经常是豺狼扎窝的所在。

搬　迁

待选好驻牧地后，人们便挑选一个良辰吉日搬迁。在此之前，他们提早把各种用具都收拾好，只留下被褥和一些最简单的生活用品。到了搬迁那天，大家天不亮就起床，一同拆卸蒙古包和准备车辆马匹，然后早早动身搬家。

牧民搬迁大多用勒勒车（在有些山区，牧民也会用骆驼搬迁），这是一种牛拉的木车，一辆车承载二三百千克根本不成问题。根据用途的不同，勒勒车又有篷车、箱子车、水车、粮食车、柴薪车等分别。

搬家的时候篷车走在最前面，由一头老实听话的牛拉着。赶篷车的是家里的女主人，她控制着整个车队的行进方向和速度，可以说是这个"运输大队"的总指挥。篷车是搬迁时的临时居所，咿呀学语的孩子、年迈体弱的老人都被安顿在里面，以保证他们在长途旅行中的舒适和安全。跟在篷车后面的是箱子车，其中装有佛像的要走在最前面，其他放置衣

| 勒勒车 |

|草原上的放
牧人家|

服、杂物的紧随其后。再接
下来的是粮食车、柴薪车、
水车、蒙古包车等等，也都
要依顺序行进。骑着马的男
主人走在整个车队的最后面，
他的工作同样非常重要，那
就是全程负责搬迁的"安保
工作"。

可以说，搬迁是展示一
个家庭物质财富和精神状态
的最好舞台。所以每到这个
时候，队伍中的人们都会精

心打扮一番。沿途上的住户
若看到有搬迁的队伍经过，
那么这家住户的女主人就会
端着奶茶、奶食和肉食盛情
招待他们。迁徙的队伍也要
暂作停留，接受人家的款待
并表示诚挚的谢意。再次启
程的时候，前来献茶的住户
会祝福他们一路平安、吉祥
如意，并用剩下的食物向神
祇献祭。另外，如果在搬迁
途中遇见其他过客，即使是

素不相识的人，双方也会按照传统礼节，一边相互问安

一边把左脚从马镫里抽出来以示敬意。

搭建蒙古包

抵达新牧场后，牧民的首要任务便是着手搭建蒙古包。他们搭起蒙古包来一向特别麻利，通常用不了一壶茶的工夫。

搭建一座蒙古包一般需要以下几个步骤。

1. 平整地面

好的驻牧地谁家都喜欢，所以一片牧场经常会被不同人家先后使用。往年搭过蒙古包的基址称为"旧基址"，从未搭过蒙古包的地方称为"新基址"。蒙古族人很忌讳在别人的旧基址上建自家的蒙古包。

选好基址以后，牧民会先把地上的杂草、碎石清理

干净，然后尽量把地面铲平整。在内蒙古的一些地区，牧民还有这样的习惯——先将地面挖一个深约20~30厘米的坑，在里面铺一层干牛粪，然后再将土回填踩实。这么做的好处是能使地面更加防潮。

2. 确定方位和前期准备

和大多数民居一样，蒙古包的朝向一般也是坐北朝南。在确定建筑方位的时候，牧民通常会以陶脑为参照。首先，他们要把陶脑放在基址的中心位置，穹隆朝上摆好。由于大部分陶脑上都有十字交叉的木枋，所以此时便可借助这两条木枋判断南

|草原风光|

|搭建前的准备工作|

北和东西轴线。需注意的是，蒙古族人认为家门正对干涸的湖泽可能造成子嗣不兴，正对远处的山尖将给家族引来不幸，所以若是遇到类似的情况，就得把蒙古包的朝向适当偏转几度。

摆好陶脑的位置以后，蒙古包的朝向就确定了。接下来牧民会把木门搬过来，内侧朝上，门楣朝南，放在整个基址的最南边。而后，他们将哈那、乌尼、毛毡等从车上一一卸下，平铺在相应的位置上。这样在搭包的时候，就不用反复卸车和搬运了。另外，在摆放建筑构件时也有讲究，就是要按顺时针的方向（自门的位置开始，由西向东），依次把它们放好。绝不能为了图方便而逆向放置。所有东西都布置妥当以后，前期的准备工作就结束了。

3. 立门和围哈那

立门和围哈那是正式搭建蒙古包的第一道工序。首先要把门竖起来，并将门楣的正中和陶脑标示的南北方向对齐。定好门的位置以后，就可以用捆绳把门框和西南侧的第一扇哈那绑在一起了。在绑捆绳之前，牧民将哈那均匀展开，使其高度和门框齐平。这样在插乌尼的时候，才能保证木架的平稳。

门和第一扇哈那绑好以后，要按顺时针方向，依次将剩下的哈那捆绑到位。等这些工作全都完成后，为使整个框架更加稳固，人们还要在哈那外面捆一圈围绳。蒙古包的门框上通常都有三四

个圆孔或铁环，它们就是捆围绳的地方。牧民会先把绳子的一头从门框西侧的孔里穿出来，在哈那上系个绳结。然后手拿围绳，沿顺时针方向绕哈那一周，并把绳子的

捆哈那

捆里围绳

里围绳的绳结

圆圈是否规整。如果发现不合适的地方，还要进行适当的调整。待检视、调整工作结束，他们才会将之前虚挽着的围绳拉紧、绑牢。

4. 插乌尼和上陶脑

哈那立好以后，接下来的工作是插乌尼和上陶脑。此时需要找一个身强力壮的人，让他站在垫高的箱子上，双手把陶脑举过头顶。然后周围的人手握乌尼下端，一

另一头虚挽在门框东侧的孔上。随后，大家会站在稍远的地方，从不同方向检查哈那的高度是否水平，围合的

托举陶脑

边瞄着陶脑四周的方孔将乌尼头插进去，一边把乌尼下面的绳环套在哈那上面。待陶脑的每个方向上都插了几根乌尼，足够稳定以后，托举陶脑的人就可以下来和其他人一起插挂余下的乌尼了。

在另外一些地方，人们会事先将陶脑和乌尼穿缀在一起。这种陶脑由两个半圆组成，搬迁时为了便于装车，可以将其一分为二。立蒙古包时只需用木榫把它们固定在一起，一组完整的穹隆结构就完成了。搭建这种蒙古包时，人们不用费力托举陶脑，只要将所有的乌尼束成一捆，撑在蒙古包的中心，然后再逐一把乌尼安置到位即可。

在挂乌尼时还有一个小细节需要注意，那就是一定要把它挂在哈那内侧的木杆上。因为只有这样，哈那

| 与乌尼连接在一起的陶脑 |

| 立好的蒙古包木架 |

的双层结构才能均匀受力。如果将乌尼挂在哈那外侧的木杆上，那么侧推力就会直接施加到固定哈那的皮钉之上。如此一来，很容易造成皮钉脱钉，进而影响整个蒙古包的稳定。

5.苫围毡

木架立好以后，下一步工序是苫围毡。以四块围毡的蒙古包为例，牧民通常按西南、东南、东北、西北的顺序进行铺设。之所以有这种习惯，是因为蒙古高原盛行西北风，只有用上风处的毡子压住下风处的，才能保证冷风不会钻进蒙古包里。

围毡的上部缝有若干短绳，它们的作用是与乌尼固定。待四片围毡全部挂好以后，牧民还要在它外面捆上二三根外围绳。外围绳的绑法和里围绳一样，先把一头拴在门框西侧的圆孔或铁环上，然后按顺时针方向将其围好，固定即可。

|门头上的吉祥结|

6. 铺顶毡

顶毡是盖住乌尼的扇形毛毡，分为前后两片，铺设的时候讲究后片压前片，也是为了防止冬季的西北风吹进蒙古包。另外，顶毡的位置必须盖得端正，使毡子上部的圆孔与陶脑对齐。

由于顶毡的面积较大，所在位置又高，所以铺设起来很不顺手。不过聪明的牧民还是想出了好的对策。他们会事先把顶毡折叠成一个"被子卷儿"，用一根长棍推到乌尼上，然后再将其一点儿一点儿展开。这样，宽大的顶毡便能服服帖帖地"趴"在包顶上了。顶毡铺设到位以后，人们还会用绳索将其固定住。绳索在门头上组成的菱形图案被称为"吉祥结"。

| 苫盖顶毡

7. 铺盖毡

盖毡是一块四四方方的毡子，在每个角上都缝有绳索。铺盖毡时，首先要将其对折成一个等腰直角三角形。然后用木棍顶着斜边的中心，把它从北面推上蒙古包顶。根据蒙古族人的习俗，盖毡的四角一定要正对东、南、西、北四个方向。所以上好盖毡以后，人们还会反复调整它的位置，务求将其放置得妥帖端正。

盖毡铺设好后，一座蒙古包就算搭建完毕了。接下

| 铺盖毡 |

来主人在家里开灶生火，准备丰盛的食物，款待浩特里的亲朋。受到邀请的客人带着礼物和哈达，高高兴兴地前来赴宴。宾主落座以后，一位长者开始对新建的蒙古包进行祝赞。他手捧哈达和银碗，一边吟唱祝赞词，一边把美酒或鲜奶祭洒到盖毡、陶脑、乌尼、坠绳等重要构件上。祝赞词的内容因时因地各不相同，有些是即兴发挥的，有些是自古流传下来的。

比如，在赞美盖毡时要唱道：

迎进早晨的太阳，
挡住晚上的风。
不许雨水流入，
不让灰尘钻进。
坠着四根带子，
用四方白毡制成。
既是顶饰又是包帽，
将这高大的盖毡祝颂……

在赞美坠绳时他又会唱道：

崭新的蒙古包今天搭建，

美酒和祝福流淌在草原，

献上鲜美奶食的德吉，

来祝赞你神奇的坠绳！

发情的公驼鬃搓成的坠绳，

制服突来旋风的坠绳，

发情的种马鬃搓成的坠绳，

镇服突来风暴的坠绳，

草原晨曦

保佑人财安然的坠绳，

是我们白色宫帐威严的象征……

待唱完所有的祝赞词以后，这位长者还会取出一条哈达，在上面穿三枚铜钱，

蓝天下的蒙古包

|蒙古包内部|

其他客人也走过来把各自带来的铜钱穿在上面。然后蒙古包的主人接过哈达，毕恭毕敬地把它系在坠绳上面。

到此为止，新蒙古包的落成仪式就算结束了。接下来，所有人都围坐在一起，兴高采烈地享受丰盛的宴席。

男人在右边，女人在左边

|男人在右边，女人在左边|

在中国，"男左女右"似乎已经成了约定俗成的习惯。学校里，学生出操的时候，男生站在队伍的左边，女生站在队伍的右边。朋友一起走路，比较绅士的男生依然会主动走在女生的左边。结婚拍证件照的时候，摄影师同样习惯让新郎坐左边，新娘坐右边。

然而当我们到牧民家里做客的时候，便会发现"男右女左"才是那里的常态。不仅如此，他们同样也给前、中、后等方位赋予了不同的含义。于是，蒙古包的内部空间就被一个无形的"十"字标定出了不同的功能区。

|蓝天白云蒙古包|

在下面这个示意图中有一个直角坐标系，其中原点代表火灶，它是整个蒙古包的中心。横轴是东西轴线，将建筑分成了前后两部分。纵轴是南北轴线，将建筑分为左右两部分。在蒙古包里，南面（前面）是大门的位置，

周围堆放着生活日用品，因而被看成是世俗的空间。北面（后面）是供奉佛像和陈列其他重要用品的地方，可以被看成是祭祀空间。西面（右面）摆放着畜牧和狩猎的用具，这些物品都和男人的劳动有关，因此是男人的空

|蒙古包内部布局示意图|

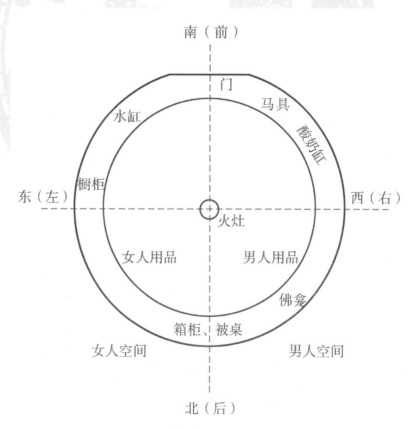

| 大草原与蒙古包 |

间。东面（左面）放的是与女人日常工作有关的物品，因而是女人的空间。

有学者指出，蒙古族人的这种室内布局传统由来已久。早在蒙古包的雏形时期就是女性坐左边，男性坐右边。为了方便劳作，男人和女人的劳动工具自然而然就被放在了相应的位置上。蒙古族从前信奉萨满教，认为右侧是尊贵和吉祥的方位，这也在一定程度上确立了蒙古包内部空间的划分方式。

蒙古包的内部布局与蒙古族人的礼俗、文化有密切的关系，其中包含了很多的知识和趣闻。

| 秋天草原上骑马的蒙古族汉子 |

蒙古包的中心，神圣的火灶之位

在一座蒙古包里，神圣的火灶一定会被放置在正中心的位置。火灶在蒙古语中有"发源地""香火延续"等重要含义。

古时候，蒙古族人常用三块石头拼成火灶。不管他们走到哪里，都把这三块石头带在身边。后来，这种石头火灶逐渐被金属的火撑子代替。早期的火撑子由青铜铸成，它的下面有三条腿，分别代表家里的男主人、女主人和晚辈。摆放时，代表着男主人的火撑子腿朝向西北，代表女主人的朝向东北，代表晚辈的朝向正南。后来随着冶炼技术的发展，铁质的、钢质的火撑子相继出现。与此同时，火撑子的造型也越来越复杂，出现了四条腿的、六条腿的、带雕花的、可拆分的等等，式样多得数不胜数。

| 辽阔大草原上的蒙古包 |

每当搭好一座蒙古包后，牧民首先要做的就是立灶。他们借助坠绳的自然下垂找出蒙古包的中心点，然后把火撑子小心翼翼地摆放到那里。如果是三条腿的火撑子，那么其中的一条腿必须正对南方。如果是其他式样的火撑子，那也要将其摆放得十分端正。

蒙古族人一向崇拜火神和灶神，认为他们能为家庭驱逐邪祟。正因如此，牧民关于火和灶的禁忌也就特别多。比如，他们忌讳往火里浇水或扔脏东西（特别是头发），忌讳用锋利之物接触火，忌讳在火边烤脚或靴子，甚至连用东西敲打火撑子都不行。不仅如此，就连与火撑子配套使用的火镰、火钳子、火铲子、灰铲子、灰簸

火撑子和铁锅

箕、吹火管、风袋、牛粪箱子等器物，也都因火灶的崇高地位，而被赋予了些许神圣的色彩。所以在日常生活中，牧民会把这些东西全都收拾妥当，避免被人踢到或是有人从上面跨越过去。

在这里，还要捎带说说蒙古族人所使用的燃料——牛羊粪。与常见的煤炭、木柴不同，这是一种非常环保的材料，不但在草原上极易获取，而且燃烧时间长，取暖

|草原上河边的
牛群|

效果好。在蒙古族人的心目中，牛羊粪是洁净的、不可或缺的生活物资。平日里，他们总是把放牛羊粪的箱子装得满满的，因为这是家庭富足和吉祥的象征。

南面——门户之位

蒙古包的南面是门户的位置。

蒙古族人非常重视家里的门，特别是门槛，认为它能阻止灾难侵入，保佑家庭平安。正因如此，与门相关的风俗、禁忌也有不少。

首先，有三条最基本的禁忌绝不可违反：第一，不能踩踏门槛；第二，不能坐在门槛上；第三，不能扶住门框站在门口。在古代，人们必须严格遵守这些规定，否则将受到严厉的处罚。如果有人不小心误踩了大汗宫帐的门槛，就要被杀头。除了以上三点之外，不同地区又有不同的风俗。有的地方，人们会把刀、斧、锯等锋利的东西尖端向下拴在门楣上，意在消除来自野外的灾难。还有一些地方，如果一个家庭有人去世，那么人们会在西侧拆一扇哈那，然后把遗体从那里而不是门的位置抬出去。参加完葬礼后，他们还要在门前点燃麻秆，所有人必须先用烟雾净化身上的不洁之气，然后才能进入蒙古包里。

出门被门槛绊倒是最不好的征兆，牧民认为这预示着幸福要从蒙古包里跑掉。为了避免这种情况，被绊倒的人会马上返回去，从牛粪箱子中取一块干牛粪扔进火灶，并把火烧旺，认为这样就能化解不幸。

如果你有机会到牧民家里做客，那么以下两点细节是需要注意的：第一，不能隔着门朝蒙古包里张望；第二，不能上前敲门。正确的做法是站在蒙古包外咳嗽一声，里面的人只要听见动静，自然就热情地出门迎接了。

| 草原上的牧民人家 |

另外，如果某座蒙古包的外面挂着一张弓或一块红布，就说明这家刚刚有婴儿降生。挂弓代表生了男孩儿，挂红布代表生了女孩儿。由于蒙古族人对新生儿特别呵护，担心外人把不洁之气带给婴儿，所以在这种时候客人就不能再进入那座蒙古包了。

在蒙古族的很多文艺作品中，都有关于"摧毁门""劈开门"的描述，例如在《蒙古黄金史》中，关于铁木真战胜部落首领脱黑脱阿·别乞这一事件，是这样描写的：

他那华美的门被人毁坏，被人推倒。

女人和孩子被人俘虏，被人杀绝。

他那神圣不可侵犯的门被人打破，被人拆毁。

他的所有百姓被驱散，以致一切空空。

通过上述文字我们可以看出这是一种隐喻的写法，里面蕴含的真正含义是一个家族被摧毁、被征服。因此可以说，在蒙古族的文化里，"门"的概念已经不再局限于门本身，而是升华成了一个家庭、一个部族的象征。

西面——男人用品之位

蒙古包的内部西边摆放着男人的日常用品。其中马鞍、笼头、马鞭、嚼子、套索等马具放在靠南的位置上。蒙古族是马背上的民族，对马有着很深的感情，爱屋及乌，男人同样会把各种马具打理得井井有条。分量轻

的东西一般都整齐地挂在西南侧的哈那上，以免有人从上面跨越或践踏。分量较重的马鞍子常被摆在专门的木架子上。

除了马具之外，盛放男人其他用具和衣物的箱子也摆在西边。箱子、柜子是蒙古包里最为常见的家具，它们大多成套出现，既实用又美观。蒙古族的家具多以朱红、深红、棕色等红色系为底色，上面描绘蓝色、绿色、金色的纹饰。虽然各种色彩对比强烈，但却并不显得艳俗和杂乱，而是给人一种热情、活跃的感受。

比较有趣的是，在这么多的男人用品中，有一个有点儿"不合时宜"的家伙，

|草原上劳作的
蒙古族男人|

那就是做酸奶用的酸奶桶。照理说做酸奶应该是女人的工作，可是为什么把酸奶桶放在西边呢？原来在历史上，挤马奶、做酸奶其实是男人的工作，只是到了后来才逐渐变成女人的任务。虽然"主管领导"改变了，但是酸奶桶却依然兢兢业业，始终坚守在原先的岗位之上。

西北——神佛之位

在各方位中，西北是最为尊贵的位置。藏传佛教兴盛以前，那里是供奉萨满教"翁古特"（偶像）的地方。萨满教的起源很早，它并没有特定的教条，而是信奉"万物有灵"。因此天地日月、山川河流、飞禽走兽都是萨满教崇拜的对象。在各种神祇当中，祖先的灵魂是极受尊敬的，蒙古族人认为故去的先祖会以某种形式长存于宇宙当中，能给现世的人带来欢乐和财富，也会将各种灾难降至人间。因而蒙古族人将祖先偶像化，并在蒙古包最尊贵的位置上加以供奉。

到了 16 世纪，随着黄教（藏传佛教格鲁派）的传播，萨满教逐渐被取代。如祭天、祭火、祭敖包等原本由萨满教主持的仪式，如今已被纳入到了内蒙古地区佛教的范畴当中。

通常情况下，佛像会被

内蒙古大昭寺

供奉在佛龛里。平时佛龛并不打开，只有到了正月或其他重要的日子人们才会把佛像请出来，上香祭拜。在佛龛的下面一般是一个双层的供桌，上层摆着酥油灯、香烛和贡品，下层放着佛经和各种法器。

草原敖包

北面——蒙古包的正位

北面是蒙古包的正位，一般在靠着哈那的位置会摆放一张被桌。被桌上面整齐地叠放着男女主人的衣物、被褥和枕头。男人的枕头放在右边，女人的枕头放在左边。被桌上的各种衣物，男人的放在上面，女人的放在下面，并且衣服的领口要朝着佛像，而不能朝着门。除了被桌之外，一些人家也会在北面放一对木箱子，里面装着衣物、绸缎、首饰等贵重物品。

有的人家在家具和火灶之间，还会铺一块长方形的大坐毡。这种毡子装饰精美，做工考究，是为迎接贵客特别准备的。

蒙古族人在待人接物方面有很多讲究，比如在安排宾客座次时就不能随意。在东、南、西、北四个方位中，西、北是上位，东、南是下位。前面已经说过，西北方最为尊贵，是供奉佛像的地方，所以除非客人中有喇嘛，否则那里是不坐人的。除了西北之外，正北也是受人尊敬的位置，因而地位高的人

| 充满生活气息的蒙古包 |

（或长辈）会被请到北边就座，而地位低的人（或晚辈）就只能坐在南边了。不仅如此，宾主双方还都要遵从男人坐西边，女人坐东边的规矩。

在蒙古包里，保持得体的坐姿也很重要。男人最排场的姿态是盘腿而坐，在公开场合中，只有官宦、长者、喇嘛才能采用这样的姿势。另一种常见的坐姿是单腿盘坐，即一条腿盘坐在身下，另一条腿弯曲而立，撑在身体的侧前方。需要注意的是，立起来的必须是靠近大门的那条腿，意在把不好的东西挡在外面。所以坐在西边的男人要立右腿，坐在东边的女人要立左腿。还有一种坐姿是跪坐，在古代这是平民拜见大汗和那颜（贵族）时的姿势，同时也是祈求吉祥平安时的姿势。在蒙古族人的眼中采用跪坐并不有损尊严，而是一种表达虔诚和友善的方式。

东面——女人用品之位

蒙古包的内部东面是摆放女人用品和各种炊具的地方，相当于女人的空间。一般来说，女人的衣物、化妆品、针线等放在靠东北的箱

| 牛肉干 |

| 奶酪 |

子里。在这些箱子的南侧（也就是蒙古包的正东）是家里的"厨房"。此处，一个橱柜靠墙而立。橱柜多为三层，底下是个带门的柜子，里面放着各种食品。上面两层是敞开的，放着锅碗瓢盆等用具。当然，现如今很多牧民家里都用上了床，于是原先厨房的位置便被床所取代。而放置食品的橱柜则被挪至东南侧，和水缸、牛粪箱子等放在一起了。

既然说到了厨房，就要顺便说说蒙古族人的饮食。蒙古族并不是动不动就杀牛宰羊、无肉不欢的民族，相反他们其实很注重饮食的合理和营养的均衡。蒙古族人

的食谱主要以奶食和肉类，即"白食"和"红食"为主，另外还会配以炒米、面食、瓜果蔬菜等等。

　　他们有一个饮食习惯，就是在不同的时令吃不同的食物。比如在春夏交替之际，草原上正是奶食最丰盛的时节。这段时间里牧民就会以白食和炒米为主食，较少吃肉。只有到了九、十月份，牛羊开始长膘，鲜奶的产量逐渐减少时，牧民才以红食、面食为主。

　　蒙古族的红食包括牛、羊、驼、马及禽类和鱼类等各种肉类，除了肉质更加鲜美之外，就烹饪手法而言和其他地方倒是大同小异。但是说到他们的白食，不论是种类还是质量，在中国绝对都是首屈一指的。蒙古族有

内蒙古草原牛

句俗语，叫"最值得称道的食品是奶食品，最值得信赖的品质是正直"。可见奶食在他们心目中有着何等重要的地位。

春末夏初时节是鲜奶丰收的季节，黄牛、牦牛、绵羊、山羊、骆驼、马甚至是驯鹿的奶装满了牧民的奶桶。

除了直接饮用之外，女人们还会把各种鲜奶加工成酸奶子、奶酪、稀奶油、奶酒、奶豆腐、干酪、酸奶干、酸奶渣等美味。每当有客人上门拜访的时候，女主人就从橱柜里取出各种奶食，放在一个大托盘里，热情地请客人品尝。

| 结 语 |

"适用、坚固、美观"并称"建筑三要素",这是古罗马著名建筑师维特鲁威在《建筑十书》中提出的,是评判一座建筑优劣的重要标准。世代生活在草原上的牧民恐怕难有机会拜读维特鲁威的著作,但是仅仅依靠直觉和经验,他们依然利用最简易的材料,创造出了完全符合上述标准的建筑——蒙古包。草原文明所蕴含的强大创造力由此可见一斑。

然而由于生产、生活方式的转变,以及其他文化的冲击,草原文明已经不复往日。蒙古包这种因游牧而生的独特建筑也开始渐渐淡出人们的视野。2008 年,蒙古包营造技艺成功入选第二

| 呼伦贝尔大草原落日风光 |

呼伦贝尔河道

批国家级非物质文化遗产名录，这无疑是件令人欢欣鼓舞的事情。

在国家的大力倡导下，现在已有不少高学历的年轻人毅然放弃了安逸的城市生活，重新投入草原的怀抱，用实际行动重建他们的精神家园。因而我们有理由相信，通过有识之士的共同努力，将会唤起更多的人对历史悠久的草原文明的关注。

图书在版编目（ＣＩＰ）数据

蒙古包风俗 / 赵迪编著；刘托本辑主编. -- 哈尔滨：黑龙江少年儿童出版社，2020.2（2021.8重印）
（记住乡愁：留给孩子们的中国民俗文化 / 刘魁立主编. 第八辑，传统营造辑）
ISBN 978-7-5319-6479-7

Ⅰ. ①蒙… Ⅱ. ①赵… ②刘… Ⅲ. ①蒙古族－民族建筑－建筑艺术－中国－青少年读物 Ⅳ. ①TU-092.812

中国版本图书馆CIP数据核字(2019)第294040号

记住乡愁——留给孩子们的中国民俗文化　　　　刘魁立◎主编
第八辑 传统营造辑　　　　　　　　　　　　　刘　托◎本辑主编
蒙古包风俗 MENGGUBAO FENGSU　　　　　　赵　迪◎编著

出版人：商 亮
项目策划：张立新　刘伟波
项目统筹：华 汉
责任编辑：宁洪洪
整体设计：文思天纵
责任印制：李 妍 王 刚
出版发行：黑龙江少年儿童出版社
　　　　　（黑龙江省哈尔滨市南岗区宣庆小区8号楼 150090）
网　　址：www.lsbook.com.cn
经　　销：全国新华书店
印　　装：北京一鑫印务有限责任公司
开　　本：787 mm×1092 mm　1/16
印　　张：5
字　　数：50千
书　　号：ISBN 978-7-5319-6479-7
版　　次：2020年2月第1版
印　　次：2021年8月第2次印刷
定　　价：35.00元